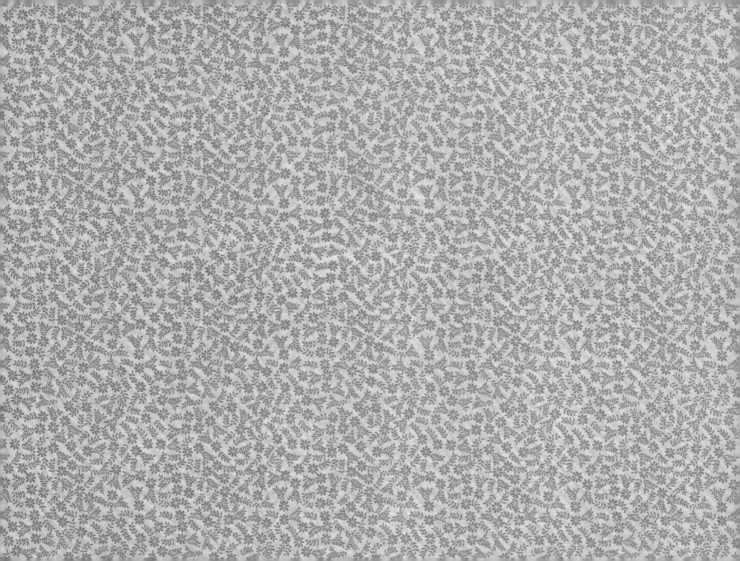

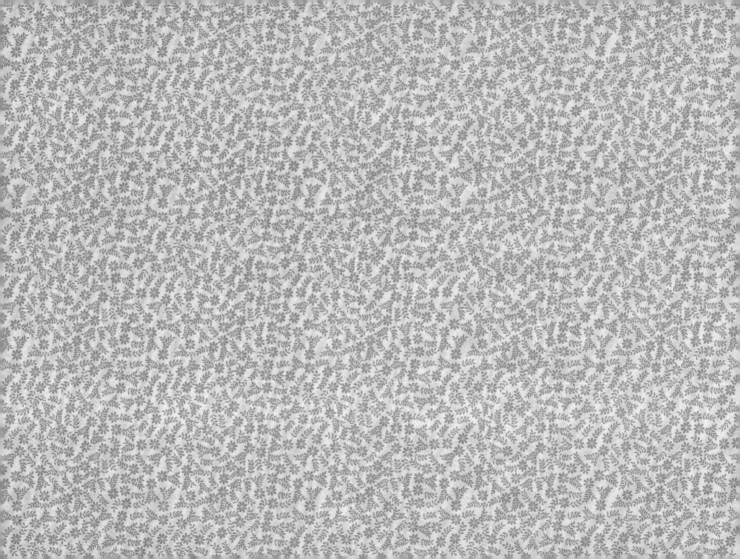

王棉幸福刺繡

可愛又時尚

臺灣野鳥刺繡

王棉◎著

...es freely, sometimes for ridi-
...nd they were strong enough
...ugh the local administrative
...hat their demands were satis-
...Crown let go ever went back
...after year more and more of
...monastic land became the ab-
... large land-owners.

...this. All over England men
...ually absolute property from
...d of the soil and the plough-
...illage, became possessed in a
...er great section of the means
...rned the scale wholly in their
... that third a new and extra
...a blow the owners of *half* the
...s of capital importance they
...than half the land. They were
...ly the unquestioned superior,
...rs of the rest of the commons-
...he greatest advantage. They
..., getting every shilling of that
...d clerical landlords had been
...ch to the tenant. They be-
...es, the judiciary. The Crown
...tween great and small. More
...ld decide in their own favour.
...r these operations the bulk of

64

the means of prod...
the process of ex...
and gradually fin...
the course of a few...
the village itself...
that the great sq...
tion or after it...
the local great m...
survives here an...
effect this revolu...
with its stradlin...
farmhouse amo...
after the Reform...
ace. Save where...
of the Crown and...
pre-Reformation...
not the masters o...
the Reformation...
those great " co...
the typical cent...

The process v...
Unfortunately fo...
child, during the...
to 1553, the loc...
he died and Ma...
completed. A...
wealthy out of...
obler England...

65

02

時尚的 *model*
臺灣野鳥刺繡

臺灣地處熱帶與亞熱帶間、地形上高山平地海拔落差大，孕育出多樣豐富的生物資源，鳥即是其中之一。

臺灣的野鳥猶如時尚的model各有丰姿、特色獨具；表現這些鳥兒的形態我試採了一些方法：

① 眼睛：傳統刺繡中，鳥的眼睛採緞面針法，周緣兩圈滾針〈如書中作品栗背林鴝眼睛的表現〉；除此我也利用結粒針法鬆緊結合描寫眼睛的靈動。

② 腳：使用細密釘線針法展現有力的鳥腳〈如藍腹鷳等〉；一天突發奇想試試「繞線鎖鍊針法」，意外效果極佳的表現了立體的鳥腳，且極易操作〈如綠繡眼等〉。

③ 關於羽毛，翅與尾屬硬毛，因此用線股數較多；身軀軟毛，則先以2股表現血肉，再

以1股繡線梳理柔軟的羽毛，甚至可在局部軟毛處打叉活潑表現羽毛的纖細感。

④ 以不織布襯墊、「立體莖幹針法」表現上翅，也是一個令人興奮的突破，上翅的立體使整隻鳥生動鮮活了起來。

能夠將這些珍貴鳥兒以刺繡方式記錄下來很開心，並感謝有此機會與各位同好同享刺繡的樂趣與美好。

🅕 粉絲專頁：「王棉幸福刺繡」
https://www.facebook.com/blessmark99/

CONTENTS

鳥兒們的時尚展間

FASHION SHOW OF BIRDS

episode 1
小翼鶇 別針

episode 1
黃胸青鶲 雄 別針

episode 1
鉛色水鶇 雄 別針

episode 1
小剪尾 別針

08

黃胸青鶲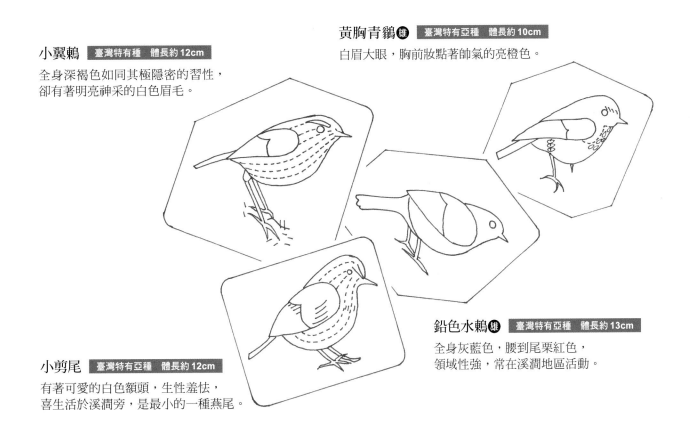雄　臺灣特有亞種　體長約 10cm
白眉大眼，胸前妝點著帥氣的亮橙色。

小翼鶇　臺灣特有種　體長約 12cm
全身深褐色如同其極隱密的習性，
卻有著明亮神采的白色眉毛。

小剪尾　臺灣特有亞種　體長約 12cm
有著可愛的白色額頭，生性羞怯，
喜生活於溪澗旁，是最小的一種燕尾。

鉛色水鶇雄　臺灣特有亞種　體長約 13cm
全身灰藍色，腰到尾栗紅色，
領域性強，常在溪澗地區活動。

How to make P.64、P.71　原寸圖案 P.89

episode 1

綠繡眼、臺灣朱雀⑭ 零錢包

How to make P.68 至 P.70
原寸圖案 P.90 至 P.92

銜著玉石的綠繡眼
與臺灣朱雀，可愛極了！

episode 1

白耳畫眉　襯衫

How to make P.72
原寸圖案 P.85

白耳畫眉 臺灣特有種　體長約24cm

優雅的白色過眼帶,諧和搭配了披
肩與長尾,喜群體生活,鳴聲清新
悅耳,棲息於中低海拔山區。

episode 1

黃腹琉璃雄與山桐子 口金包
小綠繡眼 裝飾布鈕

How to make P.15、P.66 至 P.67
原寸圖案 & 紙型 P.93

黃腹琉璃雄　臺灣特有亞種　體長約 16cm

黃藍分明、亮麗討喜，大多單獨或成對活動，
冬季則小群活動，棲息於中海拔山區。

14

小綠繡眼

繡線 DMC 53、166、451、721、728、744、926、3854、blanc 〈〉內數字表示繡線股數

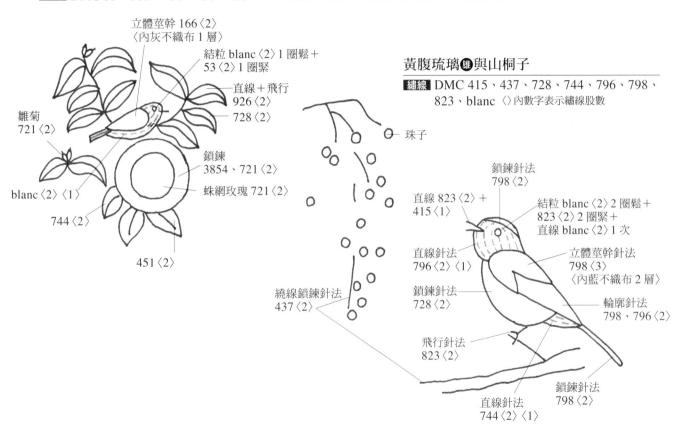

立體莖幹 166〈2〉
〈內灰不織布 1 層〉

結粒 blanc〈2〉1 圈鬆＋
53〈2〉1 圈緊

直線＋飛行
926〈2〉

728〈2〉

雛菊
721〈2〉

鎖鍊
3854、721〈2〉

蛛網玫瑰 721〈2〉

blanc〈2〉〈1〉

744〈2〉

451〈2〉

黃腹琉璃雄與山桐子

繡線 DMC 415、437、728、744、796、798、
823、blanc 〈〉內數字表示繡線股數

珠子

鎖鍊針法
798〈2〉

直線 823〈2〉＋
415〈1〉

結粒 blanc〈2〉2 圈鬆＋
823〈2〉2 圈緊＋
直線 blanc〈2〉1 次

直線針法
796〈2〉〈1〉

立體莖幹針法
798〈3〉
〈內藍不織布 2 層〉

鎖鍊針法
728〈2〉

輪廓針法
798、796〈2〉

繞線鎖鍊針法
437〈2〉

飛行針法
823〈2〉

直線針法
744〈2〉〈1〉

鎖鍊針法
798〈2〉

episode 1

白頭翁 布繡

How to make P.17
原寸圖案 P.76

白頭翁　**臺灣常見野鳥　體長 17 至 22cm**

頭戴小白帽，生性活潑喜歡喧鬧，叫聲清脆而嘹亮。棲息於平地至中海拔地區。

白頭翁

繡線 DMC 310、350、437、451、611、730、733、746、926、931、3047、3781、3813、3853、blanc
〈〉內數字表示繡線股數

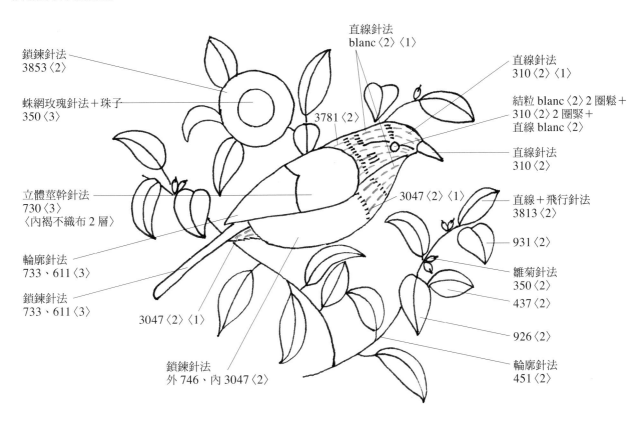

鎖鍊針法
3853〈2〉

蛛網玫瑰針法＋珠子
350〈3〉

立體莖幹針法
730〈3〉
〈內褐不織布2層〉

輪廓針法
733、611〈3〉

鎖鍊針法
733、611〈3〉

直線針法
blanc〈2〉〈1〉

3781〈2〉

3047〈2〉〈1〉

3047〈2〉〈1〉

鎖鍊針法
外746、內3047〈2〉

直線針法
310〈2〉〈1〉

結粒 blanc〈2〉2圈鬆＋
310〈2〉2圈緊＋
直線 blanc〈2〉

直線針法
310〈2〉

直線＋飛行針法
3813〈2〉

931〈2〉

雛菊針法
350〈2〉

437〈2〉

926〈2〉

輪廓針法
451〈2〉

episode 1

綠繡眼　框物

How to make P.19
原寸圖案 P.86

綠繡眼

臺灣常見野鳥　體長約11cm

別緻的白色眼妝，眼先一道黑色帶，
為平地、都市常見鳥類，
非常適應人類營造的綠地環境。

綠繡眼

繡線 DMC 53、166、310、402、415、611、676、727、744、761、831、3727、3823、blanc
〈〉內數字表示繡線股數

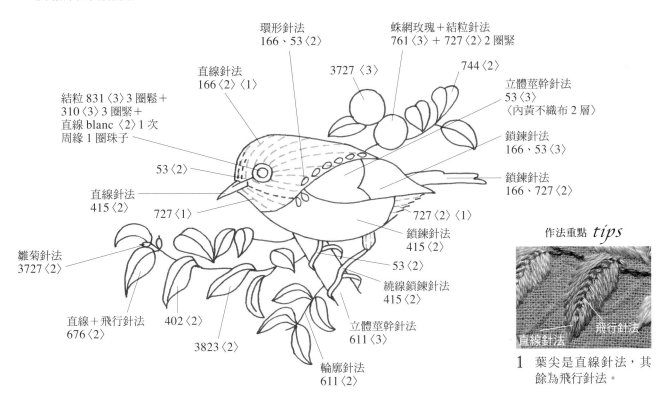

環形針法
166、53〈2〉

蛛網玫瑰＋結粒針法
761〈3〉＋727〈2〉2 圈緊

直線針法
166〈2〉〈1〉

3727〈3〉

744〈2〉

結粒 831〈3〉3 圈鬆＋
310〈3〉3 圈緊＋
直線 blanc〈2〉1 次
周緣 1 圈珠子

立體莖幹針法
53〈3〉
〈內黃不織布 2 層〉

鎖鍊針法
166、53〈3〉

53〈2〉

鎖鍊針法
166、727〈2〉

直線針法
415〈2〉

727〈1〉

鎖鍊針法
415〈2〉

727〈2〉〈1〉

53〈2〉

雛菊針法
3727〈2〉

繞線鎖鍊針法
415〈2〉

直線＋飛行針法
676〈2〉

402〈2〉

立體莖幹針法
611〈3〉

3823〈2〉

輪廓針法
611〈2〉

作法重點 *tips*

直線針法　飛行針法

1 葉尖是直線針法，其
餘為飛行針法。

episode 1

鉛色水鶇雌 框物

How to make P.21
原寸圖案 P.74

鉛色水鶇雌　臺灣特有亞種　體長約13cm

全身灰藍色，腹部綴有白色斑點，多單獨活動，常站立水中或水邊石上擺動或張開尾羽，棲息於中低海拔山區溪流附近。

鉛色水璃 ♀

繡線 DMC 310、334、453、780、931、3768、3781、blanc 　〈〉內數字表示繡線股數

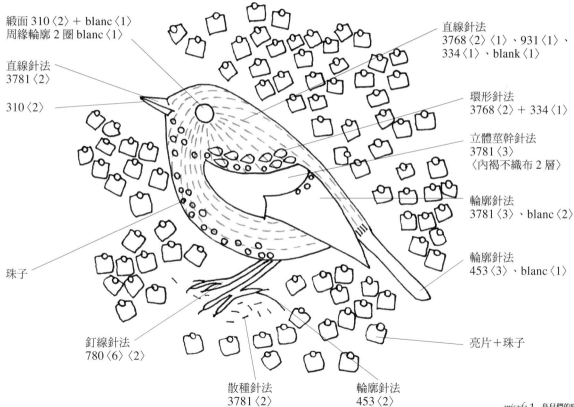

緞面 310〈2〉+ blanc〈1〉
周緣輪廓 2 圈 blanc〈1〉

直線針法
3781〈2〉

310〈2〉

珠子

直線針法
3768〈2〉〈1〉、931〈1〉、
334〈1〉、blank〈1〉

環形針法
3768〈2〉+ 334〈1〉

立體莖幹針法
3781〈3〉
〈內褐不織布 2 層〉

輪廓針法
3781〈3〉、blanc〈2〉

輪廓針法
453〈3〉、blanc〈1〉

亮片+珠子

釘線針法
780〈6〉〈2〉

散種針法
3781〈2〉

輪廓針法
453〈2〉

episode 1

黃羽鸚嘴 框物

How to make P.23
原寸圖案 P.83

黃羽鸚嘴 臺灣特有亞種　體長約 10cm

金黃色的身形嬌小可愛，活潑好動移動速度快，習性隱密，
偏好濃密灌叢與竹叢。棲息於山麓及高海拔森林。

22

黃羽鸚嘴

繡線 DMC 310、317、414、728、729、754、780、993、3053、3781、3853、3854、blanc

〈〉內數字表示繡線股數

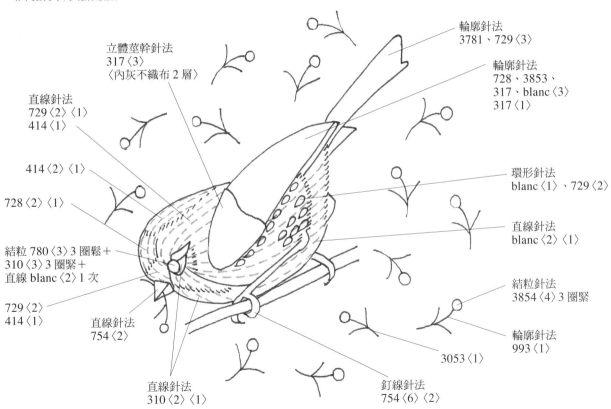

輪廓針法
3781、729〈3〉

輪廓針法
728、3853、
317、blanc〈3〉
317〈1〉

立體莖幹針法
317〈3〉
〈內灰不織布2層〉

直線針法
729〈2〉〈1〉
414〈1〉

414〈2〉〈1〉

環形針法
blanc〈1〉、729〈2〉

728〈2〉〈1〉

直線針法
blanc〈2〉〈1〉

結粒 780〈3〉3圈鬆＋
310〈3〉3圈緊＋
直線 blanc〈2〉1次

結粒針法
3854〈4〉3圈緊

729〈2〉
414〈1〉

輪廓針法
993〈1〉

直線針法
754〈2〉

3053〈1〉

直線針法
310〈2〉〈1〉

釘線針法
754〈6〉〈2〉

episode 1

朱鸝 雄 框物

How to make P.25
原寸圖案 P.81

朱鸝 雄

臺灣特有亞種　體長 25 至 28cm

極其出色紅與黑的搭配，
雌雄鳥常成對鳴唱，
呈波浪飛行前進，
棲息於中低海拔森林覆蓋的山區。

朱鷺雄

繡線 DMC 53、107、310、472、640、498、926、3781、3823、blanc 〈〉內數字表示繡線股數

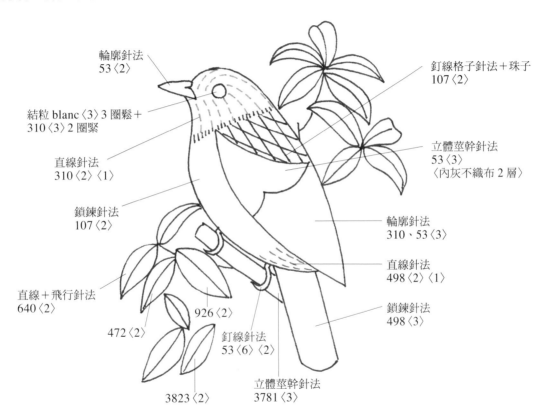

輪廓針法
53〈2〉

結粒 blanc〈3〉3 圈鬆＋
310〈3〉2 圈緊

直線針法
310〈2〉〈1〉

鎖鍊針法
107〈2〉

直線＋飛行針法
640〈2〉

472〈2〉

926〈2〉

釘線針法
53〈6〉〈2〉

3823〈2〉

立體莖幹針法
3781〈3〉

釘線格子針法＋珠子
107〈2〉

立體莖幹針法
53〈3〉
〈內灰不織布 2 層〉

輪廓針法
310、53〈3〉

直線針法
498〈2〉〈1〉

鎖鍊針法
498〈3〉

episode 1
冠羽畫眉 框物

How to make P.27、P.48 至 P.50
原寸圖案 P.80

冠羽畫眉

臺灣特有種　體長 12 至 13cm

sedo 帥氣的龐克頭、彎曲八字鬍，生性活潑叫聲婉轉悅耳，
為玉山闊葉林帶代表鳥種之一，常成群出現於中、高海拔森林之中上層。

冠羽畫眉

繡線 DMC 111、300、310、414、437、498、611、746、780、3781、3830、3831、blanc
〈〉內數字表示繡線股數

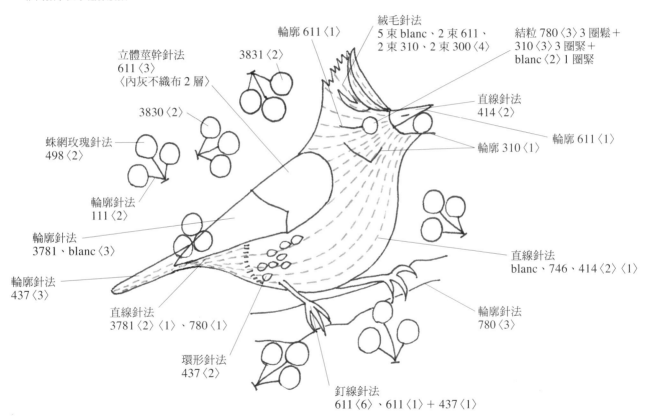

立體莖幹針法
611〈3〉
〈內灰不織布 2 層〉

3830〈2〉

蛛網玫瑰針法
498〈2〉

輪廓針法
111〈2〉

輪廓針法
3781、blanc〈3〉

輪廓針法
437〈3〉

直線針法
3781〈2〉〈1〉、780〈1〉

環形針法
437〈2〉

釘線針法
611〈6〉、611〈1〉＋ 437〈1〉

輪廓 611〈1〉

3831〈2〉

絨毛針法
5 束 blanc、2 束 611、
2 束 310、2 束 300〈4〉

結粒 780〈3〉3 圈鬆＋
310〈3〉3 圈緊＋
blanc〈2〉1 圈緊

直線針法
414〈2〉

輪廓 310〈1〉

輪廓 611〈1〉

直線針法
blanc、746、414〈2〉〈1〉

輪廓針法
780〈3〉

episode 1

臺灣朱雀🐤布繡

How to make P.29
原寸圖案 P.75

臺灣朱雀🐤

臺灣特有種　體長 13 至 15cm

白色眉斑搭配酒紅般暗紅色毛衣顯得雄起起，
領域性不明顯，飛行速度快，呈波浪狀前進，
常小群活動於中高海拔闊針葉林。

28

臺灣朱雀（雄）

繡線 DMC 53、92、115、310、451、453、727、827、3781、blanc 〈〉內數字表示繡線股數

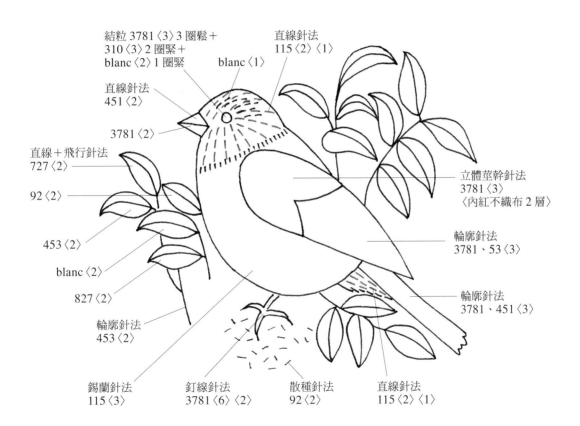

結粒 3781〈3〉3 圈鬆＋
310〈3〉2 圈緊＋
blanc〈2〉1 圈緊

直線針法
115〈2〉〈1〉

blanc〈1〉

直線針法
451〈2〉

3781〈2〉

直線＋飛行針法
727〈2〉

92〈2〉

453〈2〉

blanc〈2〉

827〈2〉

輪廓針法
453〈2〉

立體莖幹針法
3781〈3〉
〈內紅不織布 2 層〉

輪廓針法
3781、53〈3〉

輪廓針法
3781、451〈3〉

錫蘭針法
115〈3〉

釘線針法
3781〈6〉〈2〉

散種針法
92〈2〉

直線針法
115〈2〉〈1〉

episode 1

臺灣紫嘯鶇 框物

How to make·P.31
原寸圖案·P.78

臺灣紫嘯鶇

臺灣特有種　體長約30cm

全身單一湛藍色，如同鑲有一身藍寶石的衣裳在陽光照射下閃亮炫目，生性機警易受驚擾，
為臺灣溪澗鳥種體型最大者，棲息於中海拔溪澗潮濕環境。

臺灣紫嘯鶇

繡線 DMC 92、310、312、317、322、780、803、809、3825、blanc

〈〉內數字表示繡線股數

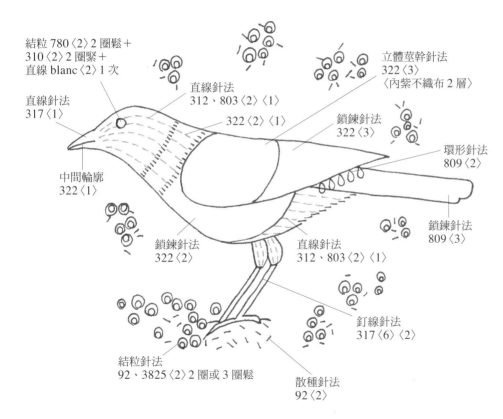

結粒 780〈2〉2 圈鬆＋
310〈2〉2 圈緊＋
直線 blanc〈2〉1 次

直線針法
317〈1〉

直線針法
312、803〈2〉〈1〉

322〈2〉〈1〉

立體莖幹針法
322〈3〉
〈內紫不織布 2 層〉

鎖鍊針法
322〈3〉

中間輪廓
322〈1〉

環形針法
809〈2〉

鎖鍊針法
322〈2〉

直線針法
312、803〈2〉〈1〉

鎖鍊針法
809〈3〉

釘線針法
317〈6〉〈2〉

結粒針法
92、3825〈2〉2 圈或 3 圈鬆

散種針法
92〈2〉

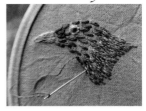

1　取 2 股繡線繡出羽毛
走向，再以 1 股繡線
從底往上逐漸填滿。

2　第一次填滿的模樣。

3　再次填滿完成。

episode 1

栗背林鴝_雄與臺灣冷杉
框物

How to make P.33、P.51 至 P.53
原寸圖案 P.79

栗背林鴝雄　臺灣特有種　體長 12 至 14cm

頸部像是圍了晚霞紅彩般迷人的圍巾。最早發現並有記錄的地點是在阿里山，
因此有「阿里山鴝」之稱。棲息於中、高海拔開闊地、林邊道或灌木叢。

栗背林鴝 雄

繡線 DMC 310、312、322、336、422、606、640、726、742、745、746、754、779、809、827、926、3052、3838、blanc 〈〉內數字表示繡線股數

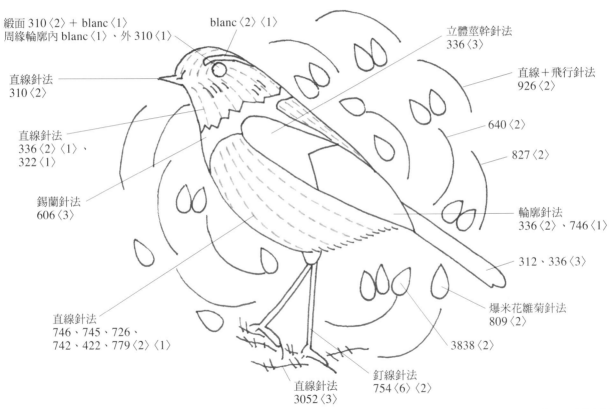

緞面 310〈2〉+ blanc〈1〉
周緣輪廓內 blanc〈1〉、外 310〈1〉

blanc〈2〉〈1〉

立體莖幹針法
336〈3〉

直線針法
310〈2〉

直線＋飛行針法
926〈2〉

640〈2〉

直線針法
336〈2〉〈1〉、
322〈1〉

827〈2〉

錫蘭針法
606〈3〉

輪廓針法
336〈2〉、746〈1〉

312、336〈3〉

爆米花雛菊針法
809〈2〉

直線針法
746、745、726、
742、422、779〈2〉〈1〉

3838〈2〉

釘線針法
754〈6〉〈2〉

直線針法
3052〈3〉

episode 1

八色鳥 框物

How to make P.35
原寸圖案 P.82

八色鳥

「珍貴稀有」保育類　體長 16 至 20cm

身著繽紛華服，帥氣直挺的立姿，腳長尾羽短，生性羞怯，
不喜飛行常以跳躍前進，棲息於低海拔陰暗潮濕濃密的闊葉林。

八色鳥

繡線 DMC53、111、310、350、451、453、606、745、746、754、912、926、3781、3790、3865、blanc 〈〉內數字表示繡線股數

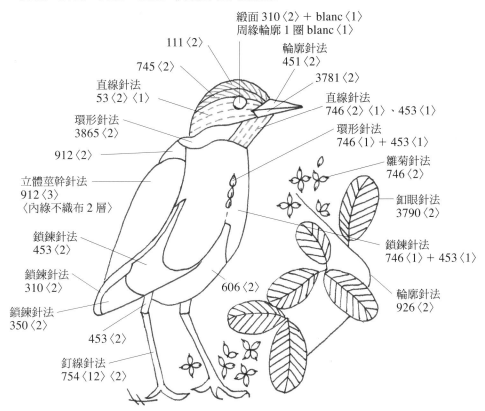

111〈2〉

745〈2〉

直線針法
53〈2〉〈1〉

環形針法
3865〈2〉

912〈2〉

立體莖幹針法
912〈3〉
〈內緣不織布 2 層〉

鎖鍊針法
453〈2〉

鎖鍊針法
310〈2〉

鎖鍊針法
350〈2〉

453〈2〉

釘線針法
754〈12〉〈2〉

緞面 310〈2〉＋ blanc〈1〉
周緣輪廓 1 圈 blanc〈1〉

輪廓針法
451〈2〉

3781〈2〉

直線針法
746〈2〉〈1〉、453〈1〉

環形針法
746〈1〉＋ 453〈1〉

雛菊針法
746〈2〉

釦眼針法
3790〈2〉

鎖鍊針法
746〈1〉＋ 453〈1〉

輪廓針法
926〈2〉

606〈2〉

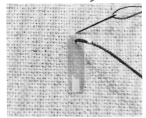

1 亮片加珠子釘縫。

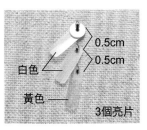

0.5cm
0.5cm

白色

黃色

3個亮片

2 一行亮片之間的距離。

2個亮片   3個亮片

3 整件作品亮片的釘縫。

episode 1
黃山雀與山桐子
布繡
How to make P.37
原寸圖案 P.77

黃山雀 臺灣特有種 體長約13cm

像是戴著頭冠身披藍色道袍的師公，俗稱「師公鳥」，
常與畫眉科小型鳥、或山雀科鳥類混群活動，
鳴聲婉轉悅耳，棲息於中低海拔山區。

黃山雀與山桐子

繡線 DMC 53、437、726、931、3078、3750、blanc 〈〉內數字表示繡線股數

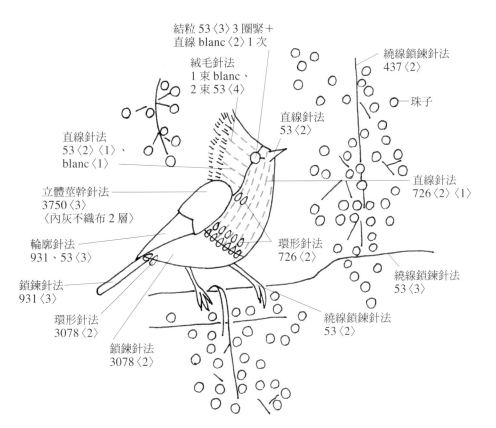

結粒 53〈3〉3 圈緊＋
直線 blanc〈2〉1 次

絨毛針法
1 束 blanc、
2 束 53〈4〉

繞線鎖鍊針法
437〈2〉

珠子

直線針法
53〈2〉〈1〉、
blanc〈1〉

直線針法
53〈2〉

立體莖幹針法
3750〈3〉
〈內灰不織布 2 層〉

直線針法
726〈2〉〈1〉

輪廓針法
931、53〈3〉

環形針法
726〈2〉

鎖鍊針法
931〈3〉

繞線鎖鍊針法
53〈3〉

環形針法
3078〈2〉

繞線鎖鍊針法
53〈2〉

鎖鍊針法
3078〈2〉

1　取2股繡線繡出羽毛走向。

2　再以1股繡線逐漸填滿。

絨毛針法

環形針法

3　再次填滿。並頭毛加上絨毛針法，身體加環形針法，使更加立體。

episode 1
煤山雀與臺灣冷杉
布繡

How to make P.39、P.56
原寸圖案 P.88

煤山雀

`臺灣特有亞種` `體長 10 至 11cm`

全身灰黑渾圓，頭頂黑色冠羽，
腳細而有力，生性活潑喜群體活動，
鳴聲悅耳清脆，棲息於中高海拔地區。

煤山雀

繡線 DMC 53、92、310、414、415、931、932、3607、3609、3781、blanc ⟨⟩內數字表示繡線股數

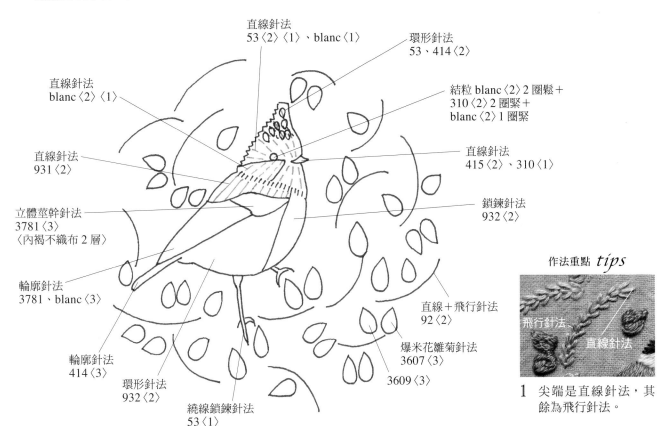

直線針法
53⟨2⟩⟨1⟩、blanc⟨1⟩

環形針法
53、414⟨2⟩

結粒 blanc⟨2⟩2圈鬆＋
310⟨2⟩2圈緊＋
blanc⟨2⟩1圈緊

直線針法
blanc⟨2⟩⟨1⟩

直線針法
931⟨2⟩

直線針法
415⟨2⟩、310⟨1⟩

立體莖幹針法
3781⟨3⟩
⟨內褐不織布2層⟩

鎖鍊針法
932⟨2⟩

輪廓針法
3781、blanc⟨3⟩

直線＋飛行針法
92⟨2⟩

輪廓針法
414⟨3⟩

爆米花雛菊針法
3607⟨3⟩

3609⟨3⟩

環形針法
932⟨2⟩

繞線鎖鍊針法
53⟨1⟩

作法重點 *tips*

飛行針法、

直線針法

1 尖端是直線針法，其
餘為飛行針法。

episode 1

繡眼畫眉 框物

How to make P.41、P.54 至 P.55
原寸圖案 P.87

繡眼畫眉

臺灣特有亞種　體長約12cm

有著美麗眼妝與黑色眉斑，
活躍喜鳴唱，
原住民太魯閣、賽德克、泰雅、
排灣、鄒等族視為靈鳥，
棲息於低、中、高海拔森林中下層。

繡眼畫眉

繡線 DMC 53、310、414、437、610、676、761、780、840、842、3727、3752、3827、blanc
〈〉內數字表示繡線股數

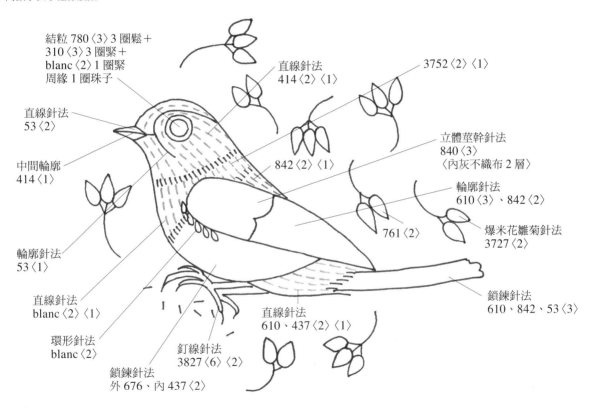

結粒 780〈3〉3 圈鬆＋
310〈3〉3 圈緊＋
blanc〈2〉1 圈緊
周緣 1 圈珠子

直線針法
414〈2〉〈1〉

3752〈2〉〈1〉

直線針法
53〈2〉

立體莖幹針法
840〈3〉
〈內灰不織布 2 層〉

中間輪廓
414〈1〉

842〈2〉〈1〉

輪廓針法
610〈3〉、842〈2〉

爆米花雛菊針法
3727〈2〉

761〈2〉

輪廓針法
53〈1〉

直線針法
blanc〈2〉〈1〉

環形針法
blanc〈2〉

釘線針法
3827〈6〉〈2〉

直線針法
610、437〈2〉〈1〉

鎖鍊針法
610、842、53〈3〉

鎖鍊針法
外 676、內 437〈2〉

episode 1

藍腹鷳 雄 布繡

How to make P.43
原寸圖案 P.84

藍腹鷳 雄　　臺灣特有種　　體長約 70 至 80cm
臉部像是戴著化妝舞會的面罩，一身耀眼金屬光彩的藍紫搭配紅、白色，美麗非常，行動謹慎，常悄然無聲，棲息於中低海拔森林底層。

42

藍腹鷴雄

繡線 DMC310、321、523、611、729、796、798、823、926、3722、3827、3854、3865、blanc

〈〉內數字表示繡線股數

作法重點 *tips*

可在完成的作品上點綴亮片或珠子，增添美麗風采。

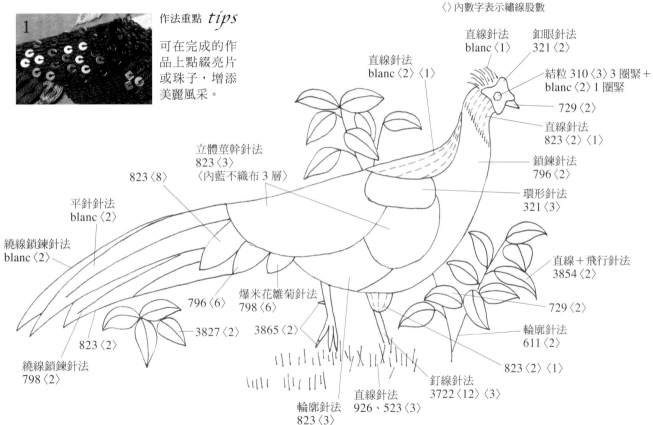

直線針法
blanc〈2〉〈1〉

直線針法
blanc〈1〉

釦眼針法
321〈2〉

結粒 310〈3〉3 圈緊 +
blanc〈2〉1 圈緊

729〈2〉

直線針法
823〈2〉〈1〉

鎖鍊針法
796〈2〉

環形針法
321〈3〉

立體莖幹針法
823〈3〉
〈內藍不織布 3 層〉

823〈8〉

平針針法
blanc〈2〉

繞線鎖鍊針法
blanc〈2〉

796〈6〉

爆米花雛菊針法
798〈6〉

3865〈2〉

3827〈2〉

823〈2〉

繞線鎖鍊針法
798〈2〉

輪廓針法
823〈3〉

直線針法
926、523〈3〉

釘線針法
3722〈12〉〈3〉

直線 + 飛行針法
3854〈2〉

729〈2〉

輪廓針法
611〈2〉

823〈2〉〈1〉

❧ *episode* 2 ❧

鳥兒刺繡小學堂

STITCH OF BIRDS

材料&工具

1.繡線：使用DMC25號繡
  線。全書使用繡線色號
  如下：53、92、107、
  111、115、166、300、
  310、312、317、321、
  322、334、336、350、
  369、402、414、415、
  422、435、437、451、
  453、472、498、523、
  606、610、611、640、
  676、721、726、727、
  728、729、730、733、
  742、744、745、746、
  754、761、779、780、
  796、798、803、807、
  809、823、827、831、
  840、842、912、922、
  926、931、932、993、
  3047、3052、3053、
  3078、3364、3607、
  3609、3722、3727、
  3750、3752、3768、
  3781、3790、3813、
  3823、3825、3827、

3830、3831、3838、
3853、3854、3865、
blanc（共88色）。

2.布料：使用棉布作為刺繡
底布。棉布易於刺繡、觸
感舒適，是享受刺繡樂趣
很好的素材。

3.不織布：使用不織布表現
小鳥上翅的立體感。

4.複寫紙：使用布用複寫紙
將圖案複寫在布上以便刺
繡。

5.繡框：4吋〈10cm〉繡框
手掌容易輕鬆握住使用，
是好用的尺寸。

6.針：a本書使用鸚鵡牌7號
刺繡針與25號繡線搭配使
用。b細的珠縫針縫珠子
與亮片。

7.剪線小剪刀：刺繡時方便
剪線使用。

冠羽畫眉

作品頁數 P.26　原寸圖案 P.80

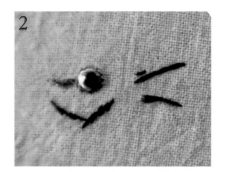

2

如圖取黑色 1 股繡線以輪廓針法刺繡。

4

以「DMC414、746、blanc、611、310、300」2 股繡線繡身體與頭毛羽毛走向。

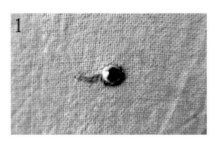

1

結粒針法繡眼睛：〈1〉先以「DMC780」3 股繡線繞 3 圈鬆作外圍。〈2〉再以黑色 3 股繡線繞 3 圈緊作內圈。〈3〉再以白色 2 股繡線繞 1 圈緊作光點。並以「DMC611」1 股繡線輪廓針法繡眼尾。

3

取「DMC414」2 股繡線以直線針法繡嘴。

5

釘線針法繡腳：〈1〉先以「DMC611」6 股繡線繡主幹。〈2〉再以「DMC611、437」各 1 股合併為 2 股繡線將主幹釘縫。爪使用輪廓針法。

6

腳完成的模樣。

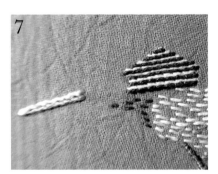

7

取「DMC3781、blanc、437」3 股繡線，以輪廓針法繡下翅與尾巴。

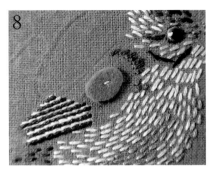

8

上翅先放置小的不織布。

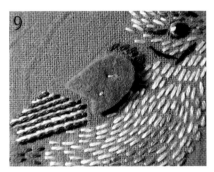

9

再疊放與上翅同形狀〈或小一些〉的不織布釘縫固定。

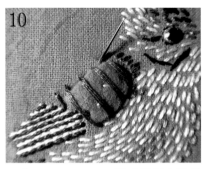

10

以「DMC611」3 股繡線進行立體莖幹針法。

11

上翅完成。

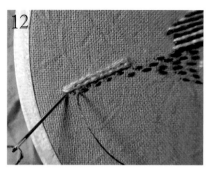

12

尾巴部分取「DMC3781、780」1股
繡線從底部逐漸向上填滿。

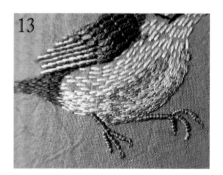

13

腹部與頭毛,同樣以1股繡線逐漸填
滿。

14

羽毛填滿的模樣。

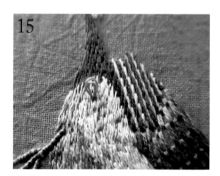

15

取「DMC437」2股繡線以環形針法
繡尾部斑紋。

16

取「DMC611、310、300、blanc」
4股繡線,以絨毛針法增加頭毛立體
感。

栗背林鴝

作品頁數 P.32　原寸圖案 P.79

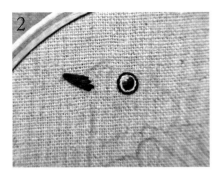

取黑色 2 股繡線以直線針法繡嘴。

取「DMC312、336」3 股繡線以輪廓針法繡尾巴。

腳完成的模樣。

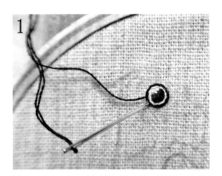

〈1〉取黑色 1 股繡線以緞面針法繡眼睛，並以 1 股白色繡線作光點。〈2〉眼睛周緣繡輪廓針法，內圈白色，外圈黑色。

〈3〉腳（釘線針法）：〈1〉先以「DMC754」6 股繡線繡主幹，再以 2 股繡線將主幹釘縫。〈2〉2 股繡線以輪廓針法繡爪。

以「DMC336、746、745、726、742、422、779」2 股繡線繡頭與身體羽毛的走向。

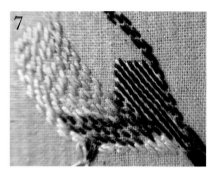

7

取「DMC336」2股、「DMC746」1股繡線以輪廓針法繡下翅。

8

以「DMC336」3股繡線進行立體莖幹針法。

9

上翅完成的模樣。

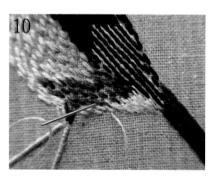

10

使用1股繡線從身體底部開始，層次往上逐漸填滿。

11

身體填滿的模樣。

12

取「DMC606」3股繡線以錫蘭針法刺繡頸部。

進行錫蘭針法。

以「DMC742」3股繡線接續錫蘭針法數針，並加上亮片。

頭部也以1股繡線層次填滿。

取「DMC3052」3股繡線以直線針法繡草。

腹部軟毛處，使用1股繡線作1、2針交叉針，使其更加生動。

鳥兒刺繡完成。

繡眼畫眉

作品頁數 P.40 原寸圖案 P.87

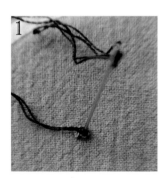

結粒針法繡眼睛：〈1〉先以「DMC780」3股繡線繞3圈鬆作外圍。〈2〉然後以黑色2股繡線繞3圈緊作內圈。

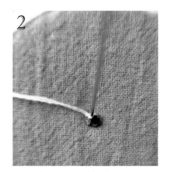

2

再以白色2股繡線繞1圈緊作光點。

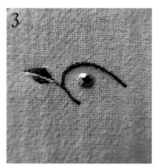

3

〈1〉取「DMC53」深灰1股以輪廓針法繡眉斑。〈2〉「DMC53」2股直線針法繡嘴，然後以「DMC414」1股輪廓針法繡嘴中間線。

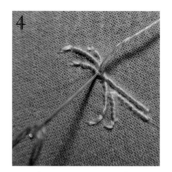

4

釘線針法繡腳：先以「DMC3827」6股繡線繡主幹，再以2股繡線將主幹釘縫。

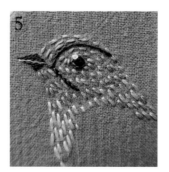

5

以「DMC414、blanc、3752、842、437」2股繡線繡出羽毛走向。

6

取「DMC610」3股、「DMC842」2股繡線以輪廓針法繡下翅。

7

上翅先放置小的不織布，再疊放與上翅同形狀的不織布釘縫固定。以「DMC840」3股繡線進行立體莖幹針法。

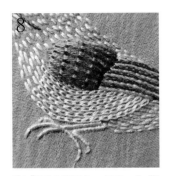

8

取「DMC676、437」2 股
繡線以鎖鍊針法繡腹部。

9

取「DMC610、842、53」3
股繡線以鎖鍊針法繡尾巴。

10

11

取 1 股繡線從身體底部逐漸
向上填滿。頭部也取 1 股繡
線從底逐漸向上填滿。

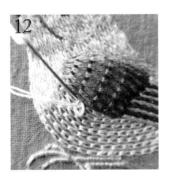

12

取「DMCblanc」2 股繡線繡
環形針法，表現上翅旁羽毛
的模樣。

13

14

取 1 股繡線穿
入 2 顆珠子，
入針。

從後面這顆珠
子前出針。

15

16

穿入此珠，再
加穿 1 顆新
的珠子。

入針。

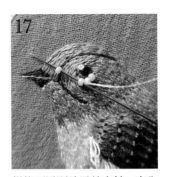

17

從後面這顆珠子前出針，穿入
此珠，再加穿 1 顆新的珠子。
重複動作，將整圈珠子縫好。

18

鳥兒刺繡完成。

煤山雀 煤山雀頭毛造型

作品頁數 P.38　原寸圖案 P.88

取「DMC53」2 股繡線繡出頭毛羽毛走向。

再以 1 股繡線逐漸填滿。

以 1 股白色、灰色繡線點綴。

從最底層繡環形針法。

逐漸一層一層往前繡環形針法，使頭毛立體。

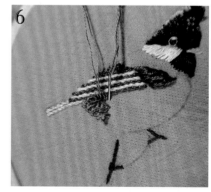

身體的環形針法也從最底層開始，逐漸一層一層往前繡。

56

基礎針法小教室

直線針法 Straight stitch

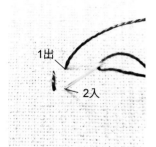

利用直線的方向、長度，排列組合刺繡。

平針針法 Running stitch

由右至左，整齊地縫2至3針才將針拔出，請注意布不可拉皺。

散種針法 Seeding stitch

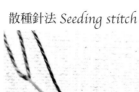

不規定方向，像是散亂的種子，小針自由地刺繡。

緞面針法 Satin stitch

線作平行、緊密地刺繡。

釘線針法 Couching stitch

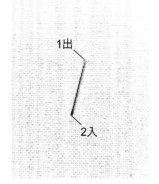

先繡主幹。

再以釘線固定主幹。本書採細密釘線，用以表現鳥腳。

輪廓針法 Outline stitch

表現輪廓或填補面積使用。

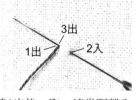

線1出後，取一適當距離入針、出針。1、3相同針洞。

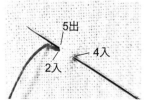

再取同樣距離入針、出針。2、5相同針洞。

雛菊針法 Lazy daisy stitch	鎖鍊針法 Chain stitch	飛行針法 Fly stitch	繞線鎖鍊針法 Whipped chain stitch

表現小花朵。

用於粗線條
或填補面積使用。

用於黃腹琉璃的腳
與葉子的表現。

呈現粗而有力的線條，
用於枝幹與鳥腳。

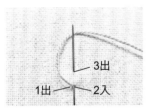

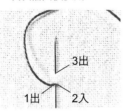

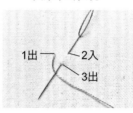

線1出後，2入、3出。1、
2相同針洞。

線1出後，2入、3出。1、
2同針洞。

線1出後，2入、3出，如
同三角形的頂點。

先繡鎖鍊針法。

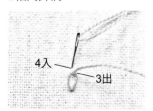

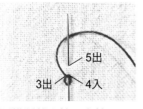

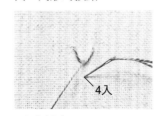

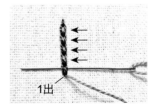

4入作收尾。

同樣距離入針、出針。3、
4同針洞。結束與雛菊針法
收尾方式相同。

4入作結束。

從同一方向穿過每一鎖鍊
環底下〈不縫到布〉將鎖
鍊纏繞住。結束與鎖鍊針
法收尾相同位置。

蛛網玫瑰針法
Spider web rose stitch

可愛立體的玫瑰花。

自外向中心作5個支架。

靠近中心點
出針

一上一下從中心一圈圈往
外繞線填滿。填滿後隨時
可入針作結束。

絨毛針法 Smyrna stitch

表現立體毛的感覺。

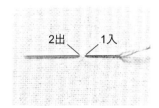

2出　　1入

1入、2出。

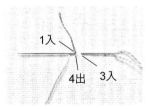

1入
4出　3入

3入、4出。1、4同針洞。
結束後再將毛修剪整齊。

釘線格子針法＋珠子
Couched trellis filling

填補面積使用。

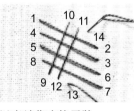

1　10　11
4　　　14
5　　　2
8　　　3
　　　6
9　12　7
13

以直線作出格子狀。

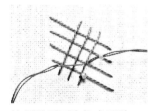

使用珠子固定住交叉點。

釦眼針法
Buttonhole stitch

此針法為接下來
兩針法應用的原型。

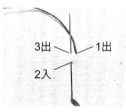

3出　1出
2入

線1出後，入針、出針。

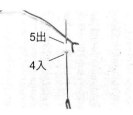

5出
4入

重複動作，再入針、出針。

釦眼針法應用 *1*

表現藍腹鷴
眼睛周圍紅色的皮膚。

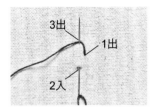

線1出後，2入、3出。2靠
近中心的位置。

最後一針，穿過1旁的線、
靠近中心入針。

釦眼針法應用 *2*

用於八色鳥作品的葉子。

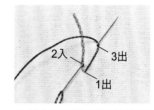

沿著中間葉脈〈輪廓針法〉
進行。線1出後，入針、出針。

最後一針在1出處或視圖稿
位置入針。

環形針法 *Ring stitch*

呈現鳥羽毛蓬鬆立體感的可愛針法。

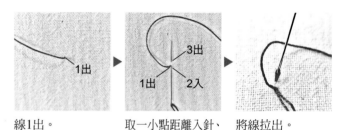

線1出。　　取一小點距離入針、　　將線拉出。
　　　　　　出針。1、2相同針洞。

慢慢拉出想要的環的大小。　　距1、2一小點的距離入針。

結粒針法 French knot stitch

利用拉線的鬆緊度表現鳥的眼睛，也用於小花。

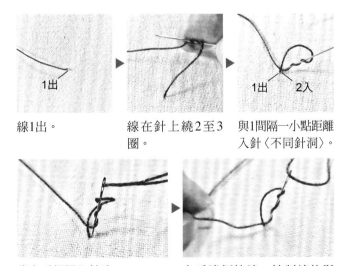

線1出。

線在針上繞2至3圈。

與1間隔一小點距離入針〈不同針洞〉。

當右手慢慢入針時。

左手邊輕拉線，控制線的鬆緊。入針後，完成。

錫蘭針法 Ceylon stitch

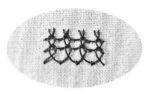

填補面積使用，呈現編織的效果。

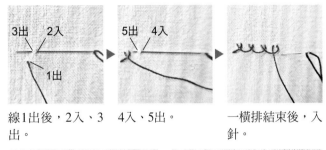

線1出後，2入、3出。

4入、5出。

一橫排結束後，入針。

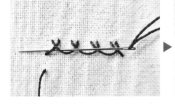

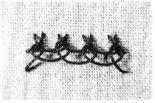

進行第二橫排，穿過第一個形成的交叉。

再依序穿過第二、三、四個交叉。完成後，釘一小針固定浮起的線即可。〈註：為使清楚辨識，使用不同顏色的線釘。〉

立體莖幹針法 *Raised stem stitch*

呈現鳥翅膀的立體感。

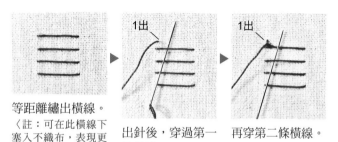

等距離繡出橫線。
〈註：可在此橫線下塞入不織布，表現更立體的效果。〉

出針後，穿過第一條橫線。

再穿第二條橫線。

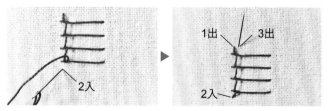

重複同樣動作，穿過最後一條橫線後，入針。

3出後，重複剛剛的動作。
〈註：關於「3出」的位置，有兩種方式，一是如圖在「1」旁的位置出針；另一是在「2」旁的位置出針倒過來繡。兩者效果相同。〉

爆米花雛菊針法 *Popcorn lazy daisy stitch*

呈現立體感，表現臺灣冷杉的毬果、花瓣與藍腹鷴的羽毛。

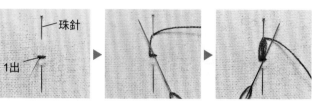

繡一短線，別上珠針，在短線下1出。

線繞過珠針，針從短線穿出。

共進行3次重複動作：線繞過珠針，針從短線穿出。

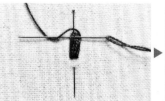
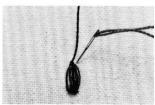

針從中間珠針處穿出，繞線。

拉緊線，拆除珠針，入針〈入針處可稍低，呈蓬鬆感〉。

HOW TO MAKE

王棉老師的製作小叮嚀

別針製作 材料：布片、鋪棉、厚紙板〈或塑膠片〉、不織布、別針

黃胸青鶲(雄)環形針法

作品頁數 P.08
How to make P.71
原寸圖案 & 紙型 P.89

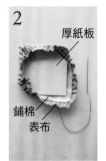
2

厚紙板

鋪棉
表布

3

表布沿周緣 0.5cm 平針縮縫，並如圖從底往上依序排列表布、鋪棉、厚紙板。將縫有別針的不織布，與步驟 2 立針縫合。

1

環形針法從最底層開始繡。

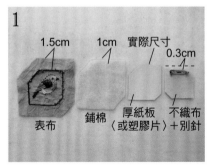
1

1.5cm　　1cm　　實際尺寸
　　　　　　　　　　　0.3cm

表布　　鋪棉　　厚紙板　　不織布
　　　　　　　〈或塑膠片〉＋別針

表布：實際尺寸外加 1.5cm 縫份。鋪棉：實際尺寸外加 1cm。厚紙板為實際尺寸。不織布比實際尺寸小 0.3cm。

4

作品完成。

2

逐漸一層一層往前繡。

眼睛藏結小訣竅

眼睛處，經常進行 2 至 3 次結粒針法，致布背面結過多不易刺繡，以下是藏結小撇步：

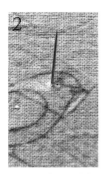

縫一小針，線從眼睛處出針作結粒針法。

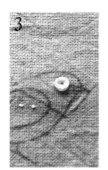

結粒針法完成後，線再拉至翅膀處作結束。

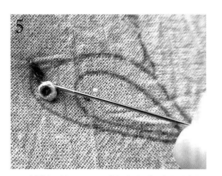

眼睛繡好後，可以針沾少許白膠塗抹眼睛周緣底下，使眼睛更為牢固。

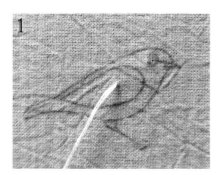

可從翅膀處出針〈開始的結則藏於翅膀處背面〉。

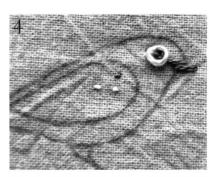

第二次黑線作結粒針法，同樣開始與結束的結藏於翅膀處。

作品的模樣。

黃腹琉璃🐦與山桐子口金包製作

作品頁數 P.14
How to make P.15
原寸圖案 & 紙型 P.93

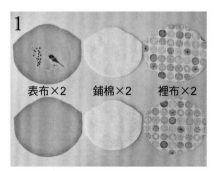

1

依實際尺寸紙型外加 1cm 縫份裁剪表布、裡布。鋪棉為實際尺寸不需外加縫份。

表布×2　鋪棉×2　裡布×2

2

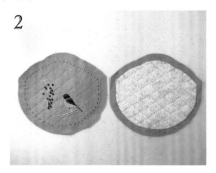

如圖，兩片表布與兩片鋪棉以平針斜格紋方式壓縫。

3

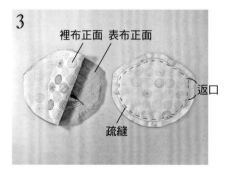

裡布正面　表布正面

返口

疏縫

〈1〉表布與裡布正面相對疏縫。
〈2〉周緣縫份 1cm 處縫合，並留返口。

4

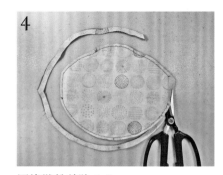

周緣縫份剪除 0.5cm。

5

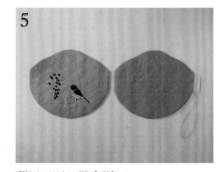

翻回正面，縫合返口。

6

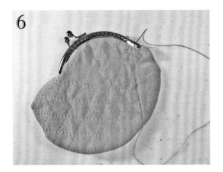

表布取正中心與口金正中心對齊，回針縫合。

7

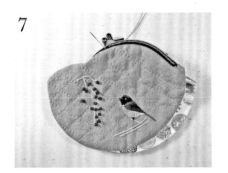

另一片表布同樣與口金回針縫合。

8

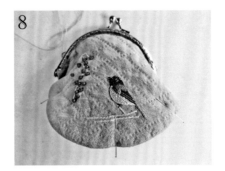

以珠針固定兩片表布。

9

兩片表布藏針縫合。

10

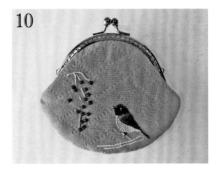

作品完成。

綠繡眼零錢包製作

作品頁數 P.10
How to makeP.69
原寸圖案 & 紙型 P.91 至 P.92

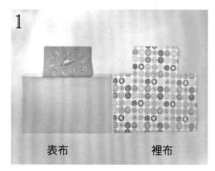

表布　　　　**裡布**

依實際尺寸紙型外加 1cm 縫份，裁剪表布、裡布。

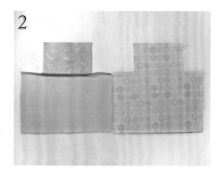

表、裡布背面燙薄襯。

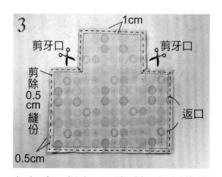

1cm
剪牙口　　　　剪牙口
剪除 0.5 cm 縫份
返口
0.5cm

〈1〉表、裡布正面相對，沿周緣縫份 1cm 處縫合，並留返口。
〈2〉如圖剪牙口，並將周緣縫份剪除0.5cm。

翻回正面，縫合返口。

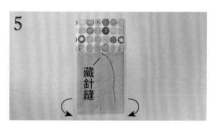

藏針縫

兩邊摺向中央，藏針縫合。

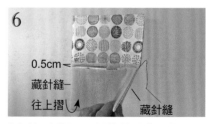

0.5cm
藏針縫
往上摺
藏針縫

如圖往上摺，兩側藏針縫合。作品即完成。

綠繡眼 零錢包

繡線 DMC 166、317、414、435、727、733、922、blanc〈〉內數字表示繡線股數

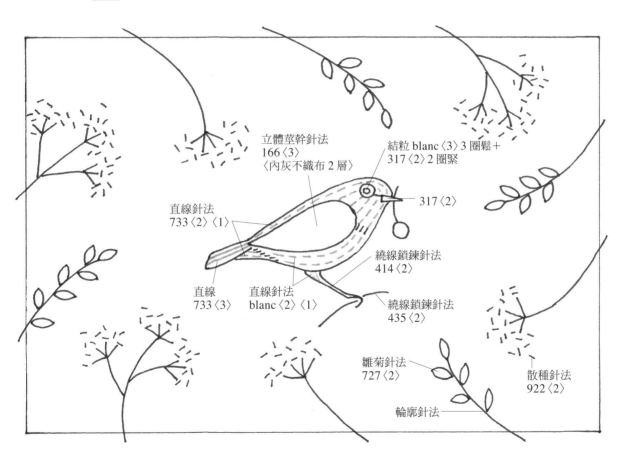

立體莖幹針法
166〈3〉
〈內灰不織布 2 層〉

結粒 blanc〈3〉3 圈鬆＋
317〈2〉2 圈緊

317〈2〉

直線針法
733〈2〉〈1〉

繞線鎖鍊針法
414〈2〉

直線
733〈3〉

直線針法
blanc〈2〉〈1〉

繞線鎖鍊針法
435〈2〉

雛菊針法
727〈2〉

散種針法
922〈2〉

輪廓針法

臺灣朱雀(雄) 零錢包

繡線 DMC 115、310、369、
414、728、926、3781、blanc
〈〉內數字表示繡線股數

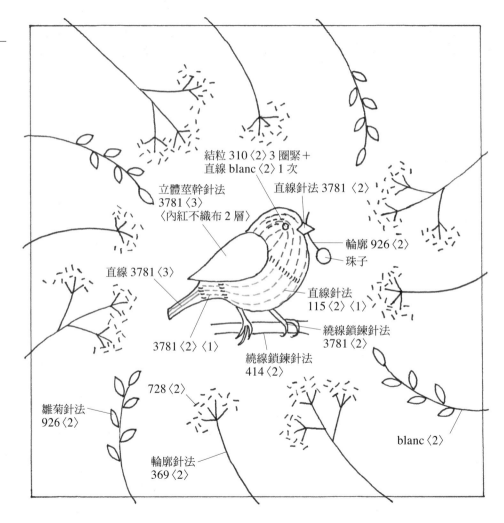

結粒 310〈2〉3 圈緊＋
直線 blanc〈2〉1 次

直線針法 3781〈2〉

立體莖幹針法
3781〈3〉
〈內紅不織布 2 層〉

輪廓 926〈2〉

珠子

直線 3781〈3〉

直線針法
115〈2〉〈1〉

繞線鎖鍊針法
3781〈2〉

3781〈2〉〈1〉

繞線鎖鍊針法
414〈2〉

雛菊針法
926〈2〉

728〈2〉

blanc〈2〉

輪廓針法
369〈2〉

小翼鶇 別針 〈〉內數字表示繡線股數

繡線 DMC 92、310、437、611、3781、blanc

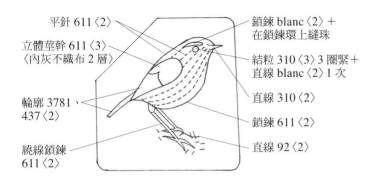

平針 611〈2〉

立體莖幹 611〈3〉
〈內灰不織布 2 層〉

輪廓 3781、
437〈2〉

繞線鎖鍊
611〈2〉

鎖鍊 blanc〈2〉+
在鎖鍊環上縫珠

結粒 310〈3〉3 圈緊+
直線 blanc〈2〉1 次

直線 310〈2〉

鎖鍊 611〈2〉

直線 92〈2〉

黃胸青鶲雄 別針 〈〉內數字表示繡線股數

繡線 DMC 310、437、3750、3781、3823、3853、blanc

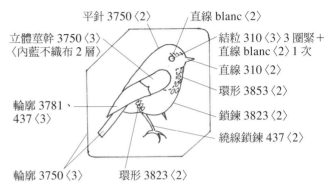

平針 3750〈2〉

直線 blanc〈2〉

立體莖幹 3750〈3〉
〈內藍不織布 2 層〉

輪廓 3781、
437〈3〉

結粒 310〈3〉3 圈緊+
直線 blanc〈2〉1 次

直線 310〈2〉

環形 3853〈2〉

鎖鍊 3823〈2〉

繞線鎖鍊 437〈2〉

輪廓 3750〈3〉

環形 3823〈2〉

小剪尾 別針 〈〉內數字表示繡線股數

繡線 DMC 310、754、823、827、blanc

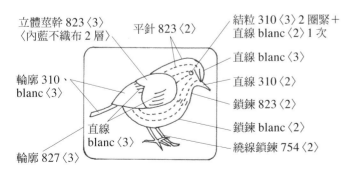

立體莖幹 823〈3〉
〈內藍不織布 2 層〉

平針 823〈2〉

輪廓 310、
blanc〈3〉

直線
blanc〈3〉

輪廓 827〈3〉

結粒 310〈3〉2 圈緊+
直線 blanc〈2〉1 次

直線 blanc〈3〉

直線 310〈2〉

鎖鍊 823〈2〉

鎖鍊 blanc〈2〉

繞線鎖鍊 754〈2〉

鉛色水鶇雄 別針 〈〉內數字表示繡線股數

繡線 DMC 310、317、3750、3781、3853、blanc

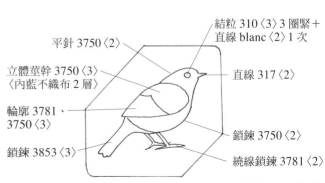

平針 3750〈2〉

立體莖幹 3750〈3〉
〈內藍不織布 2 層〉

輪廓 3781、
3750〈3〉

鎖鍊 3853〈3〉

結粒 310〈3〉3 圈緊+
直線 blanc〈2〉1 次

直線 317〈2〉

鎖鍊 3750〈2〉

繞線鎖鍊 3781〈2〉

白耳畫眉 襯衫

繡線 DMC 53、111、437、451、807、3364、3781、blanc　〈〉內數字表示繡線股數

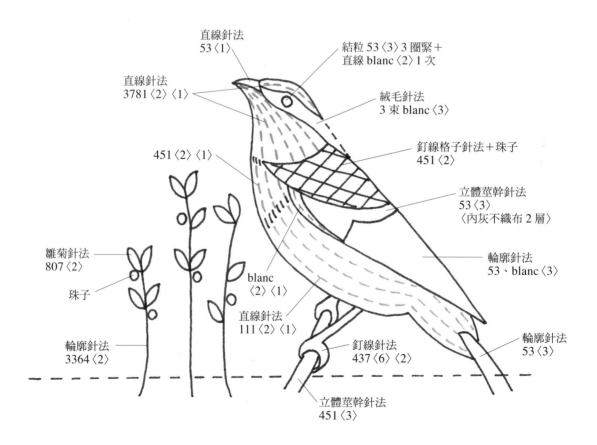

直線針法
53〈1〉

結粒 53〈3〉3 圈緊 +
直線 blanc〈2〉1 次

直線針法
3781〈2〉〈1〉

絨毛針法
3 束 blanc〈3〉

451〈2〉〈1〉

釘線格子針法 + 珠子
451〈2〉

立體莖幹針法
53〈3〉
〈內灰不織布 2 層〉

雛菊針法
807〈2〉

珠子

輪廓針法
53、blanc〈3〉

blanc
〈2〉〈1〉

直線針法
111〈2〉〈1〉

輪廓針法
3364〈2〉

釘線針法
437〈6〉〈2〉

輪廓針法
53〈3〉

立體莖幹針法
451〈3〉

episode 4

原寸圖案
PATTERNS

刺繡前需先複寫圖稿，
此單色圖稿方便重複影印使用。
挑選自己喜歡的鳥兒圖稿影印，
於平滑硬質桌面、將圖稿居布面中央，
使用布用複寫紙描繪複寫，
即可畫出完美圖案。

episode 4

鉛色水鶇 雌

作品頁數 P.20

74

episode 4

臺灣朱雀雄

作品頁數 P.28

❦

episode 4

白頭翁

作品頁數 P.16

episode 4

黃山雀與山桐子

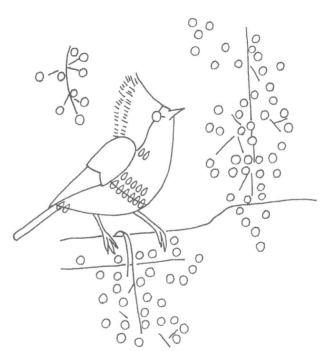

作品頁數 P.36

✿

episode 4

臺灣紫嘯鶇

作品頁數 P.30

栗背林鴝雄與臺灣冷杉

episode 4

冠羽畫眉

作品頁數 P.26

作品頁數 P.24

❦

episode 4

八色鳥

作品頁數 P.34

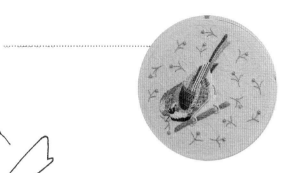

episode 4

黃羽鸚嘴

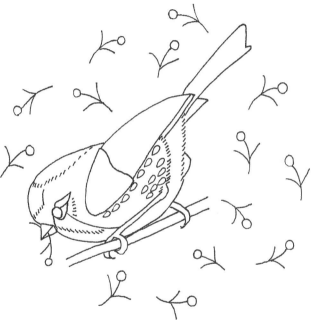

作品頁數 P.22

episode 4

藍腹鷴 雄

作品頁數 P.42

作品頁數 P.12

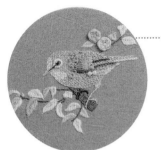

episode 4

綠繡眼

作品頁數 P.18

episode 4

繡眼畫眉

作品頁數 P.40

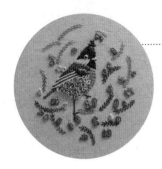

煤山雀與臺灣冷杉

作品頁數 P.38

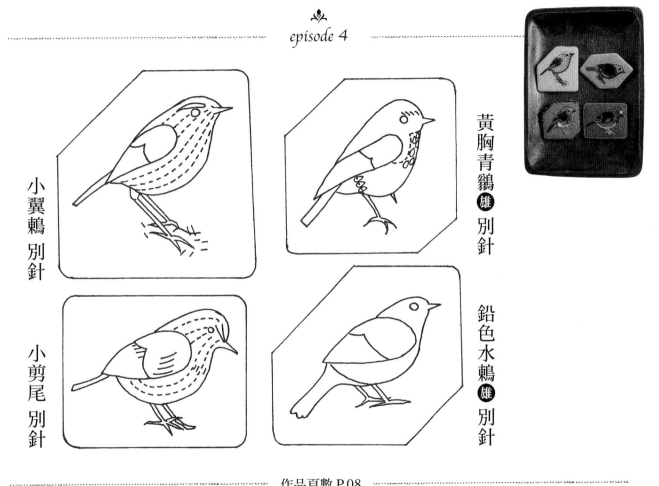

小翼鶇 別針

黃胸青鶲雄 別針

小剪尾 別針

鉛色水鶇雄 別針

episode 4

臺灣朱雀❀ 零錢包
作品頁數 P.10

12cm

12cm

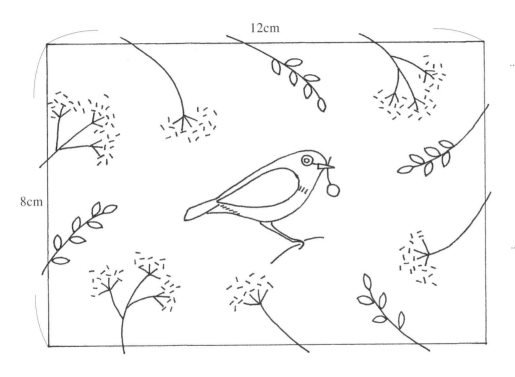

12cm

8cm

.... *episode 4* ....

綠繡眼 零錢包
.... 作品頁數 P.10 ....

episode 4

臺灣朱雀零錢包製圖

·········· 作品頁數 P.10 ··········

episode 4

綠繡眼零錢包製圖

·········· 作品頁數 P.10 ··········

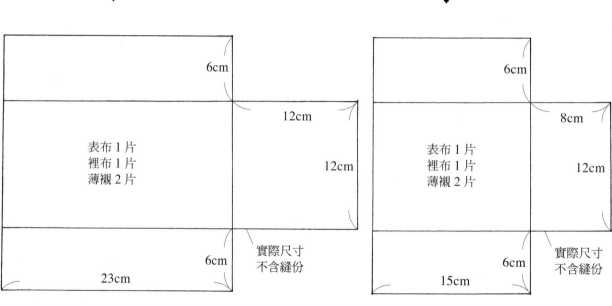

6cm

12cm

表布 1 片
裡布 1 片
薄襯 2 片

12cm

6cm

23cm

實際尺寸
不含縫份

6cm

8cm

表布 1 片
裡布 1 片
薄襯 2 片

12cm

6cm

15cm

實際尺寸
不含縫份

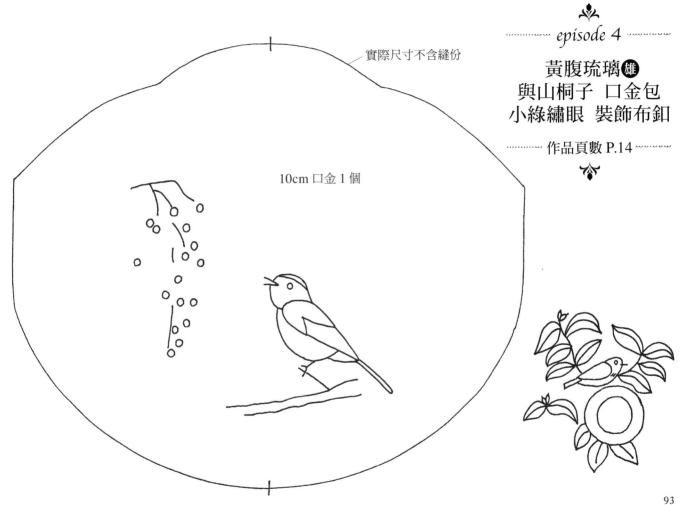

實際尺寸不含縫份

10cm 口金 1 個

episode 4

黃腹琉璃雄
與山桐子 口金包
小綠繡眼 裝飾布鈕

作品頁數 P.14

93

note

刺繡筆記

note

刺繡筆記

王棉幸福刺繡 1

可愛又時尚！臺灣野鳥刺繡

作　　者／王棉
發 行 人／詹慶和
執行編輯／黃璟安
編　　輯／蔡毓玲・劉蕙寧・陳姿伶
執行美編／韓欣恬
插畫繪製・作法攝影／王棉
情境攝影／Muse Cat Photography吳宇童
美術編輯／陳麗娜・周盈汝
出 版 者／雅書堂文化事業有限公司
發 行 者／雅書堂文化事業有限公司
郵政劃撥帳號／18225950
戶　　名／雅書堂文化事業有限公司
地　　址／新北市板橋區板新路206號3樓
電　　話／(02)8952-4078
傳　　真／(02)8952-4084
網　　址／www.elegantbooks.com.tw
電子信箱／elegant.books@msa.hinet.net

2022年5月初版一刷　定價 420 元

經銷／易可數位行銷股份有限公司
地址／新北市新店區寶橋路235巷6弄3號5樓
電話/(02)8911-0825
傳真/(02)8911-0801

國家圖書館出版品預行編目資料

王棉幸福刺繡：可愛又時尚！臺灣野鳥刺繡 / 王棉著.
-- 初版. -- 新北市：雅書堂文化事業有限公司, 2022.05
　面；　公分. -- (王棉幸福刺繡；1)
ISBN 978-986-302-623-5(平裝)

1.CST: 刺繡 2.CST: 手工藝

426.2　　　　　　　　　　　　　111004418

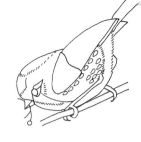

陽鐘拼布飾品材料DIY

職人推荐手作素材＆工具好店！
陽鐘拼布飾品材料DIY

工廠直營　高雄老字號在地經營、
台灣製造嚴選素材～
販售真皮提把、真皮皮配件、
拼布材料、蕾絲花邊、
原創布料、卡通授權布料等等…。

歡迎來店洽購
地址：高雄市苓雅區三多三路218之4號1F　電話：07-3335525

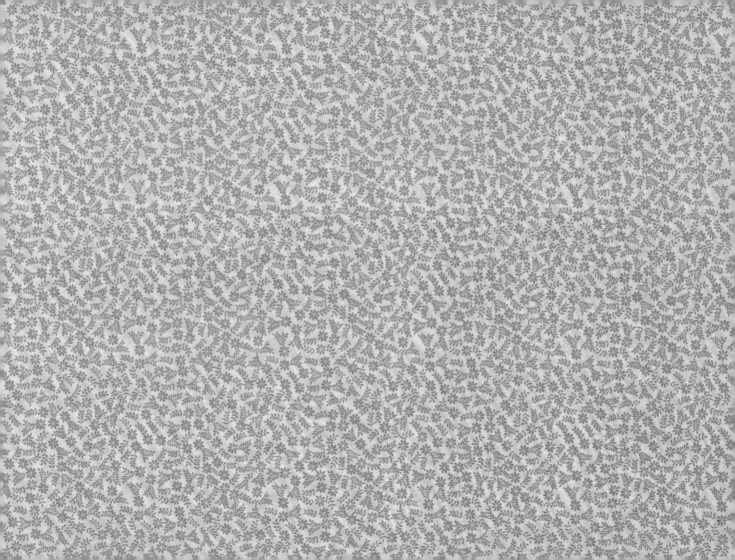